新建筑空间设计丛书

居住空间 II

韩国建筑世界出版社 著

北京科学技术出版社

Publishing: ARCHIWORLD Co.,Ltd.
Publisher: Jeong, Kwang-young

图书在版编目（CIP）数据

新建筑空间设计丛书 • 居住空间 II / 韩国建筑世界出版社著 ；北京科学技术出版社译. -- 北京 ：北京科学技术出版社，2019.1
ISBN 978-7-5304-9397-7

Ⅰ. ①新… Ⅱ. ①韩… ②北… Ⅲ. ①住宅—室内装饰设计 Ⅳ. ① TU2

中国版本图书馆 CIP 数据核字（2018）第 062007 号

新建筑空间设计丛书 · 居住空间 II

作　　者：韩国建筑世界出版社
策划编辑：陈　伟
责任编辑：王　晖
封面设计：芒　果
责任印制：张　良
出 版 人：曾庆宇
出版发行：北京科学技术出版社
社　　址：北京西直门南大街 16 号
邮政编码：100035
电话传真：0086-10-66135495（总编室）　0086-10-66113227（发行部）
　　　　　0086-10-66161952（发行部传真）
网　　址：www.bkydw.cn
电子信箱：bjkj@bjkjpress.com
经　　销：新华书店
印　　刷：北京捷迅佳彩印刷有限公司
开　　本：880mm×1250mm 1/32
字　　数：237 千字
印　　张：9.5
版　　次：2019 年 1 月第 1 版
印　　次：2019 年 1 月第 1 次印刷
ISBN 978-7-5304-9397-7/T • 975

定　　价：148.00 元

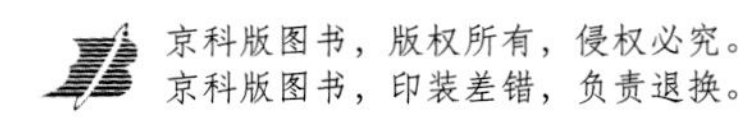

Corridor & Stair 走廊 & 楼梯

© Markus Fischer

JN-7H JN-7H

© Eric Laignel

© Kecho Quenke

© Dale Johnes-Evans

© John Linden

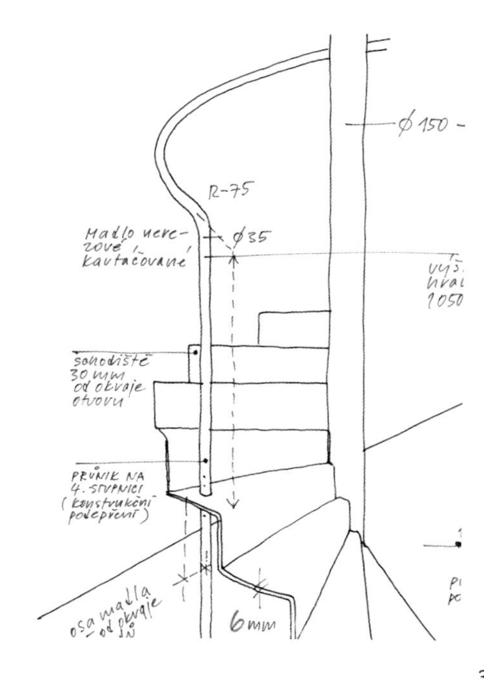
ϕ 150 -
R-75
Madlo nerezové, kartáčované
ϕ35
1050
sohodiště 30 mm od okraje otvoru
PRŮNIK NA 4. STUPNICI (konstrukční podepření)
osa madla od okraje
6mm

© Markus Fischer

© Dianne Snape

© Silke Mayer, Andrea Sferzing

© Bernard Wolf

© John Linden

© John Linden

© Paul Warchol

© Eric Sierins

New Space

Residence Ⅱ

居住空间 Ⅱ

· Corridor & Stair 走廊 & 楼梯
· Room & Bathroom 卧室 & 卫浴间
· Outdoor 户外

Room & Bathroom 卧室 & 卫浴间

© Ichael Calderwood

© Bernardo Grijalva, San Jose

© john hay

© Peter Miller

© Dale Johnes-Evans

© Silke Mayer, Andrea Sferzing

© John Burtlin

SCULPTURE

© Daniel Afzal

EYE TO EYE
THE FIVE BOOKS OF MOSES
MARGARET GEORGE

ART
CORRECTIONS

© John Butlin

© John Bullin

© Kecho Quenke

nn Butlin

nn Butlin

© John Butlin

© John Butlin

© Ewan Court-Kennedy

© William Beauter, Jess Mullen Carey

© Kevin, Jessica Paul

© Tony Soluri

© Eric Laignel

YAMAHA

© Ichael Calderwood

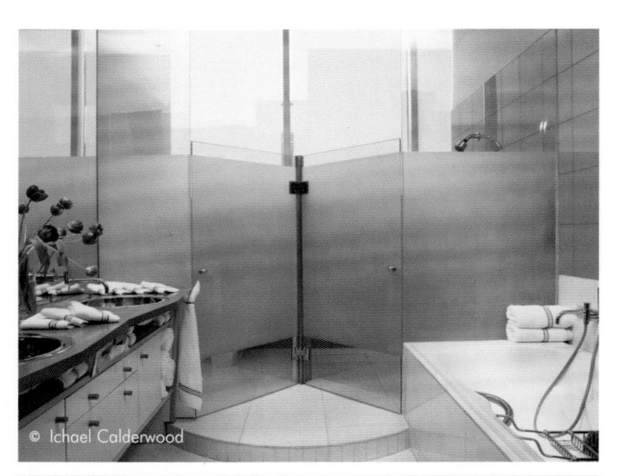
© Ichael Calderwood

© Ichael Calderwood

© john hay

© Bernardo Grijalva, San Jose

© Francesca Giovanelli

© Silke Mayer, Andrea Sferzing

© Francesca Giovanelli

© Dale Johnes-Evans

© Ewan Court-Kennedy

© Carlo Valentini

© Daniel Afzal

© Tom Bonner

© MAKE°s William Beauter and, Jess Mullen Carey

© Daniel Afzal

© Cornbread Works

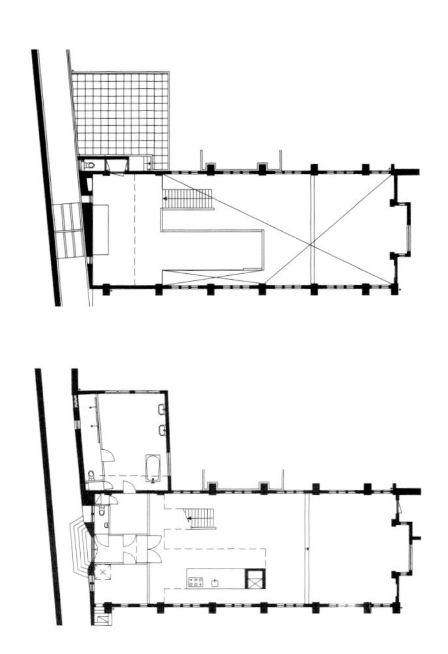

© Tony Soluri

© Paul Warchol

EASY WAY TO WHITEN TEETH
STERINE
Whitening
クリーナ
Damiin
WASH

New Space

Residence Ⅱ

居住空间Ⅱ

- Corridor & Stair 走廊&楼梯
- Room & Bathroom 卧室&卫浴间
- Outdoor 户外

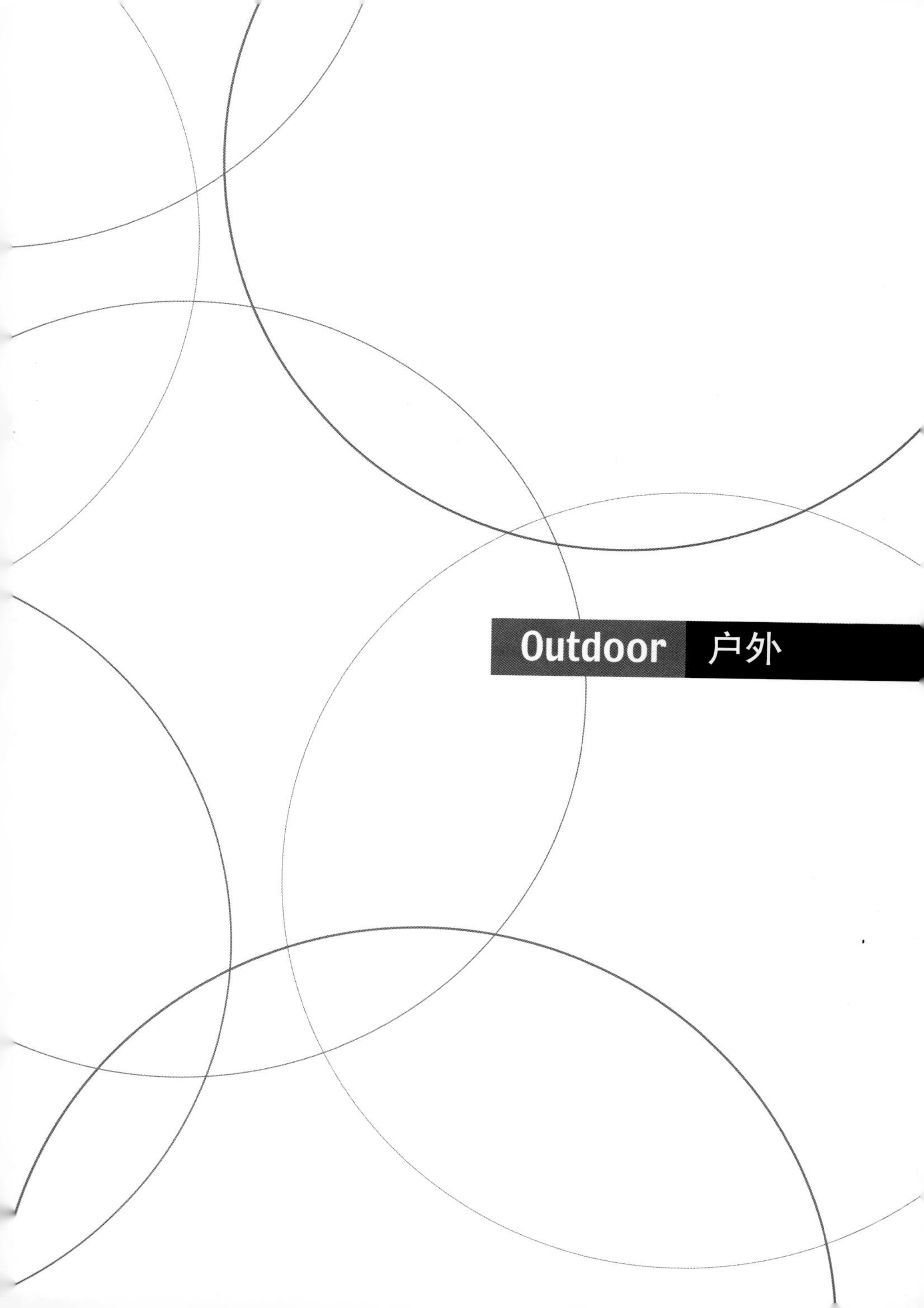

Outdoor 户外

© Murray Fredericks

© John Hix, Bob Gevinski, Bruce Clemmensen

© Carlo Valentini

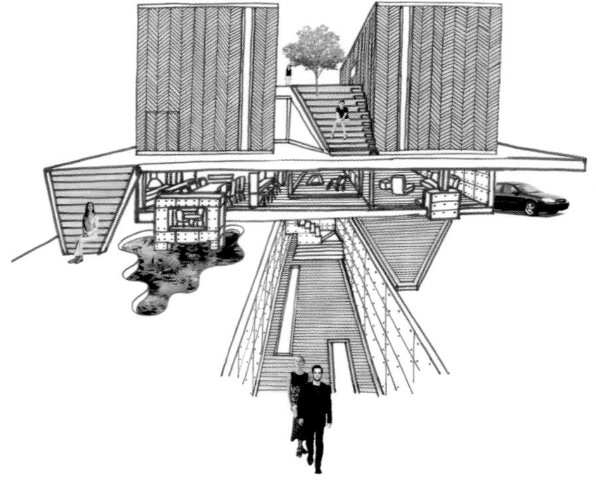

© Carlo Valentini

© MAKE . William Beauter and, Jess Mullen Carey

© John Hix, Bob Gevinski, Bruce Clemmensen

© Eric Sierins

© Ken Hayden

© John Hix, Bob Gevinski, Bruce Clemmensen

© John Hix, Bob Gevinski, Bruce Clemmensen

© MAKE°s William Beauter and, Jess Mullen Carey

© Bernard Wolf

© Pieter Kers

208
210

2502

© Tom Bonner

© Benny Chan • Fotoworks

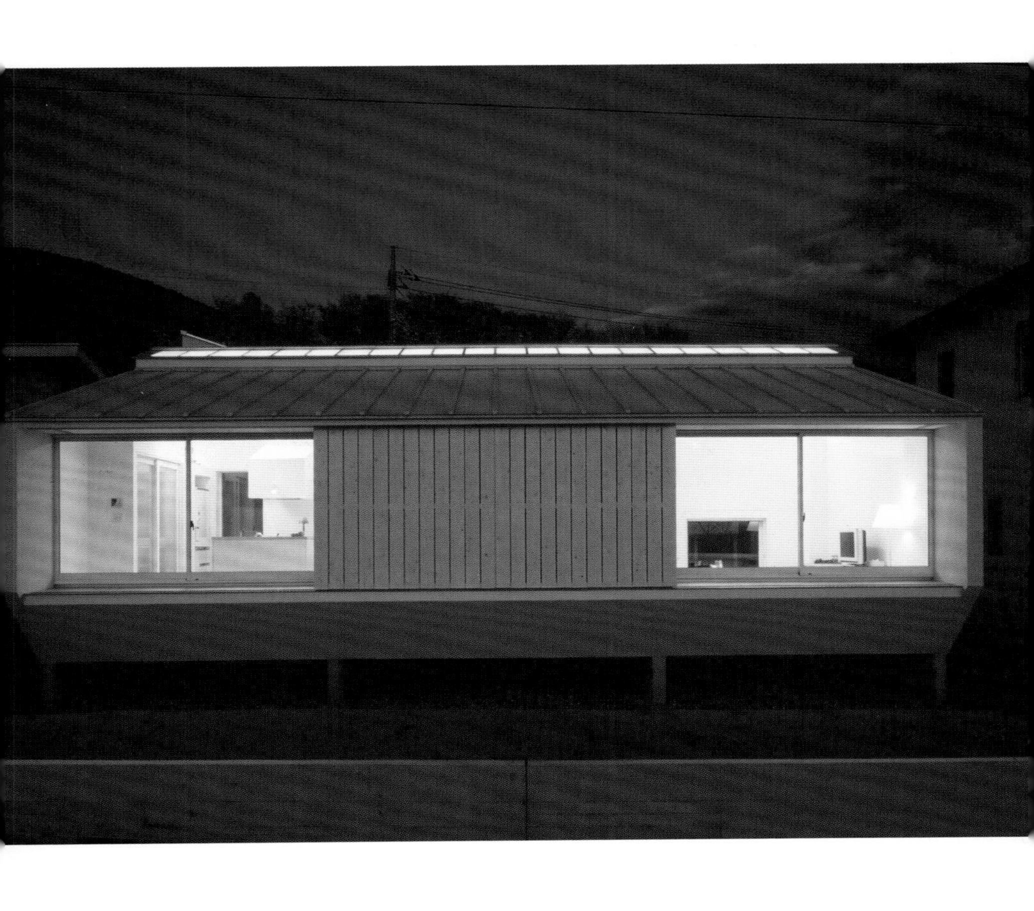

© Murray Fredericks

© Andrew Chester Ong, Colin Hamilton

© Andrew Chester Ong, Colin Hamilton

© Benny Chan • Fotoworks

© Benny Chan · Fotoworks

© Daniel Afzal

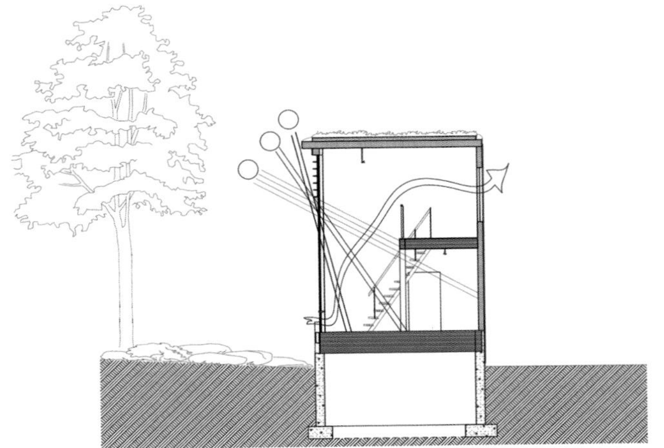

Project and Agency

Project and Agency

项目名称	设计公司	页码
MCSM Apartmen	Eduardo Cadaval & Clara Solà-Morales.	20~21
m house	Architecture W	55, 143, 196, 260~261
New York Town House	Alexander Gorlin Architect LLC	54, 186
Nozawa Apt	Emmanuelle Moureaux	114~115
Olympic Tower Residence	Craig Nealy	8, 184
Paddington Residence, Sydney	archer + wright	57, 222~223, 242, 275
Panorama House, Santa Monica	Jesse Bornstein Architecture	32, 45, 100~101, 191, 244, 276~277
Paris in San Francisco	Jerry Jacobs Design, Inc.	11, 67, 171
Perry Street-Loft	Hariri & Hariri Architecture	56, 180, 208
Pfiel attic	oos	195, 199
Pilling Residence, Hong Kong	AFSO	147, 179
Primal House	Yoon space Design & Architecture	102~103, 152, 154
Redelco Residence	PUGH+SCARPA	227, 245
Residence in Filothei	Zeppos-Georgiadis+Associates	124~125, 189, 286
Richterswil loft apartment, Zurich	GO Interiors	209, 211
River North Loft, Chicago	Gibbons, Fortman & Associates	177
Rizzo Villa	Simone Micheli Architectural Hero	36, 264~265
RSH:1	Acca	7, 279, 294~295
Rye Residence	Moda Design	174, 215
SEONGBUK HILLS	KUKBO DESIGN	13, 94, 120~121, 136, 161, 193
Sinclaire Residence, NY	Edward I. Mills	8, 84~85, 190